Ellen S. Richards Monographie No. 2 - Publié par Vassar College / Ellen S. Richards Monograph No. 2 - Posted by Vassar College

La découverte du radium
Discovery of radium

Allocution par / *Speech by*

Marie Curie
Physicienne et chimiste française d'origine polonaise
(1867 – 1934)

Au Collège Vassar / *At Vassar College*

14 mai 1921 / *May 14, 1921*

Avec biographie / *With biography*

Traduction / *Translation*
Diane Veilleux Garneau

Table des matières

PRÉFACE 2

PREFATORY NOTE..2

LA DÉCOUVERTE DU RADIUM.............................4

THE DISCOVERY OF RADIUM 4

Biographie / *Biography* 17

    Enfance / *Chilhood* 17

    Études supérieures / *Graduate studies*..........19

DIVERS 23

VARIOUS 23

    Spécimens de signature......................................23

    Signature specimens 23

    Distinctions..23

    Distinctions..23

Source 24

Source..24

Contact avec l'éditrice 25

Contact with the publisher 25

De la même éditrice chez Amazon.......................26

From the same editor at Amazon 27

PRÉFACE
PREFATORY NOTE

Lors de sa récente visite en Amérique, madame Curie a accordé un honneur particulier au Collège Vassar en livrant, à la chapelle, le soir du 14 mai, la seule longue allocution qu'elle a prononcée dans ce pays.

In her recent visit to America, Mrs Curie conferred a special honor upon Vassar College by delivering in the chapel on the evening of May fourteenth the only extended address which she made in this country.

D'une manière simple et directe, elle a raconté l'histoire de sa remarquable réussite. Les gens ont pu comprendre comment, entourée de toutes les grandes réalités de l'expérience humaine, face à d'énormes difficultés et avec des ressources limitées, elle avait poursuivi sans relâche sa recherche de la vérité.

In a simple, straightforward way she told the story of her great achievement. One realized how, closely environed by all the great realities of human experience, in the face of tremendous difficulties and with limited resources, she had pursued undaunted her search for truth.

La découverte du radium a immédiatement propulsé madame Curie parmi les scientifiques en raison de sa contribution extrêmement significative au grand problème ultime de la science physique, la constitution de la matière.

The discovery of radium gave Madame Curie immediate distinction among scientists on account of the extremely significant contribution she thereby made to the great ultimate problem of physical science, the constitution of matter.

Les propriétés étonnantes que possède le radium lui ont valu un intérêt mondial d'autant plus intense que l'espoir lui inspirait les vertus curatives des radiations issues de ce nouvel élément.

The striking properties possessed by radium gave to its discovery a world-wide interest, all the more intense because of the hope which was inspired by the possible healing qualities of the radiations from this new element.

Cet espoir se réalise dans une large mesure. Il convient donc que madame Curie ait adressé cette allocution à Vassar et qu'elle soit maintenant distribuée aux membres du collège de la fondation en mémoire d'Ellen S. Richards, qui a consacré sa vie à la santé publique.

That hope is being realized in large measure. It is therefore fitting that this address should have been given by Madame Curie at Vassar and that it should now be circulated among the members of the college under the foundation in memory of Ellen S. Richards, who devoted her life to the public health.

    Edna Carter
    Président du Département de physique
    Chairman of the Department of Physics

LA DÉCOUVERTE DU RADIUM
THE DISCOVERY OF RADIUM

Je pourrais vous en dire beaucoup concernant le radium et la radioactivité, mais cela serait trop long. Comme nous n'avons pas assez de temps, je ne ferai que vous donner un aperçu de mes premiers travaux sur le radium.

I could tell you many things about radium and radioactivity and it would take a long time. But as we cannot do that, I shall only give you a short account of my early work about radium.

Ayant plus de vingt ans, le radium n'en est plus à sa première enfance, mais les conditions de sa découverte furent quelque peu insolites. Il est donc intéressant de se souvenir d'elles et de les expliquer.

The radium is no more a baby, it is more than twenty years old, but the conditions of the discovery were somewhat peculiar, and so it is always of interest to remember them and to explain them.

Nous devons remonter à l'année 1897.

We must go back to the year 1897.

Le professeur Curie et moi avons alors oeuvré dans le laboratoire de l'école de physique et de chimie où ce dernier donnait des conférences.

J'étais engagé pour des travaux sur les rayons d'uranium découverts deux ans auparavant par le professeur Becquerel.

Professor Curie and I worked at that time in the laboratory of the school of Physics and Chemistry where Professor Curie held his lectures. I was engaged in some work on uranium rays which had been discovered two years before by Professor Becquerel.

Je vais vous expliquer comment détecter ces rayons d'uranium.

I shall tell you how these uranium rays may be detected.

Si vous prenez une plaque photographique, que vous l'enveloppez dans du papier noir, et qu'après y avoir mis du sel d'uranium, vous la laissez-là pendant un jour, à l'abri de la lumière, et bien, le lendemain, la plaque sera développée.

If you take a photographic plate and wrap it in black paper, then on this plate, away from the ordinary light, you put in uranium salt and leave it there one day, the next day, the plate will be developed.

Vous remarquerez sur la plaque un point noir à l'endroit où se trouvait le sel d'uranium.

You notice on the plate a black spot at the place where the uranium salt was.

Les rayons spéciaux émis par l'uranium ont laissé une tache en créant une impression sur la plaque de la même manière que le produirait la lumière ordinaire.

This spot has been made by special rays which are given out by the uranium and are able to make an impression on the plate in the same way as ordinary light.

Vous pouvez également tester ces rayons d'une autre manière, en les plaçant sur un électroscope.

You can also test those rays in another way, by placing them on an electroscope.

Vous connaissez l'électroscope. Si vous le chargez, vous pouvez le garder dans cet état plusieurs heures, à moins d'y placer des sels d'uranium à proximité. Dans ce cas, il perd sa charge et la feuille d'or ou d'aluminium tombe progressivement.

You know what an electroscope is. If you charge it, you can keep it charged several hours and more, unless uranium salts are placed near to it. But if this is the case the electroscope loses its charge and the gold or aluminum leaf falls gradually in a progressive way.

Nous pouvons utiliser la vitesse à laquelle la feuille se déplace pour mesurer la puissance des rayons ; plus cette dernière est accélérée, plus l'intensité est considérable.

The speed with which the leaf moves may be used as a measure of the intensity of the rays; the greater the speed, the greater the intensity.

J'ai passé quelque temps à étudier la façon de bien mesurer les rayons d'uranium et j'ai voulu essayer de découvrir d'autres éléments donnants des émissions du même genre.

I spent some time in studying the way of making good measurements of the uranium rays, and then I wanted to know if there were other elements, giving out rays of the same kind.

J'ai donc abordé un travail sur tous les éléments connus et leurs composés et découvert que ceux de l'uranium sont actifs tout comme ceux du thorium, contrairement à d'autres éléments et leurs composants qui ne le sont pas.

So, I took up a work about all known elements, and their compounds and found that uranium compounds are active and also all thorium compounds, but other elements were not found active, nor were their compounds.

En ce qui concerne les composés d'uranium et de thorium, j'ai constaté qu'ils étaient actifs proportionnellement à leur teneur en uranium ou de thorium. Plus il y a d'uranium ou de thorium, plus l'activité est importante, cette dernière étant une propriété atomique des éléments, l'uranium et le thorium.

As for the uranium and thorium compounds, I found that they were active in proportion to their uranium or thorium content. The more uranium or thorium, the greater the activity, the activity being an atomic property of the elements, uranium and thorium.

Ensuite, j'ai pris des mesures de minéraux et j'ai constaté que plusieurs de ceux qui contenaient de l'uranium ou du thorium ou les deux étaient actifs. Mais alors, l'activité n'était pas ce à quoi je pouvais m'attendre, elle était supérieure à celle des composés de l'uranium ou du thorium comme les oxydes qui sont presque entièrement composés de ces éléments.

Then I took up measurements of minerals and I found that several of those which contain uranium or thorium or both were active. But then the activity was not what I could expect, it was greater than for uranium or thorium compounds like the oxides which are almost entirely composed of these elements.

Ensuite, j'ai pensé qu'un élément radioactif inconnu plus important que l'uranium ou le thorium pouvait se retrouver dans les minéraux. Je voulais découvrir et séparer cet élément, c'est pourquoi je me suis mise à travailler avec le professeur Curie.

Then I thought that there should be in the minerals some unknown element having a much greater radioactivity than uranium or thorium. And I wanted to find and to separate that element, and I settled to that work with Professor Curie.

Nous pensions que cette découverte ne prendrait que quelques semaines ou mois, mais ce ne fut pas le cas. De nombreuses années de travail acharné furent nécessaires pour terminer cette tâche.

We thought it would be done in several weeks or months, but it was not so. It took many years of hard work to finish that task.

Nous avons découvert plusieurs éléments, mais le plus important fut le radium qui pouvait être séparé à l'état pur.

There was not one new element, there were several of them. But the most important is radium which could be separated in a pure state.

Nous avons donc procédé à tous les tests nécessaires pour la séparation en utilisant la méthode des mesures électriques avec une sorte d'électroscope. Des manipulations chimiques furent effectuées et tous les résultats obtenus concernant leur activité furent examinés.

All the tests for the separation were done by the method of electrical measurements with some kind of electroscope. We just had to make chemical separations and to examine all products obtained with respect to their activity.

Le produit qui retenait la radioactivité était considéré comme celui ayant conservé le nouvel élément ; et comme la radioactivité était plus importante dans certains produits, nous savions que nous avions réussi à concentrer ce nouvel élément. La radioactivité a été utilisée de la même façon qu'un test spectroscopique.

The product which retained the radioactivity was considered as that one which had kept the new element; and, as the radioactivity was stronger in some products, we knew that we had succeeded in concentrating the new element. The radioactivity was used in the same way as a spectroscopical test.

Le fait qu'il n'y a pas beaucoup de radium dans un minerai venait compliquer la tâche, ce que nous ignorions au départ. En effet, nous connaissons maintenant qu'il n'y a pas une seule portion de radium dans un million de parties de bon minerai. De ce fait, pour obtenir une petite quantité de sel de radium pur, il est nécessaire de traiter une quantité colossale de minerai, ce qui est très difficile à faire dans un laboratoire.

The difficulty was that there is not much radium in a mineral; this we did not know at the beginning. But we now know that there is not even one part of radium in a million parts of good ore. And too, to get a small quantity of pure radium salt, one is obliged to work up a huge quantity of ore. And that was very hard in a laboratory.

Sans laboratoire, à cette époque, nous devions procéder aux recherches dans un hangar sans amélioration possible ou installations chimiques. De plus, nous n'avons reçu aucune aide ni argent. À cause de cela, nous ne pouvions continuer le travail comme nous l'aurions pu dans de meilleures conditions. J'ai dû exécuter moi-même les nombreuses cristallisations voulues afin de pouvoir séparer le sel de radium du sel de baryum avec lequel il est extrait du minerai.

We had not even a good laboratory at that time. We worked in a hangar where there were no improvements, no good chemical arrangements. We had no help, no money. And because of that the work could not go on as it would have done under better conditions. I did myself the numerous crystalizations which were wanted to get the radium salt separated from the barium salt with which it is obtained out of the ore.

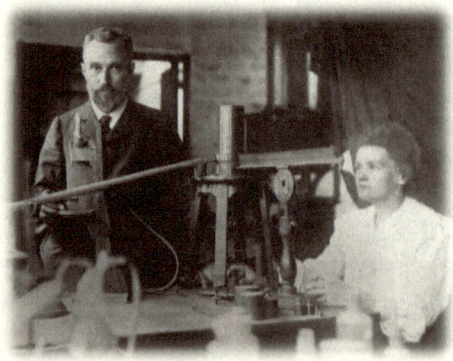

Pierre et Marie Curie dans leur laboratoire de fortune de l'École municipale de physique et de chimie industrielles, vers 1906.

En 1902, j'ai finalement réussi à obtenir du chlorure de radium pur et à déterminer le poids atomique du nouvel élément radium, qui est de 226, alors que celui du baryum n'est que de 137.

In 1902, I finally succeeded in getting pure radium chloride and determining the atomic weight of the new element radium, which is 226 while that of barium is only 137.

Plus tard, j'ai pu séparer le métal radium, mais ce fut un travail très difficile ; cependant, comme ce n'était pas nécessaire de l'utiliser dans cet état, il ne fut généralement pas préparé de cette manière.

Later I could also separate the metal radium, but that was a very difficult work; and, as it is not necessary for the use of radium to have it in this state, it is not generally prepared that way.

Or, l'intérêt particulier du radium réside dans l'intensité de son rayonnement qui est plusieurs millions de fois supérieure à celle des rayons de l'uranium. Ce sont les effets de ces rayons qui rendent le radium si important.

Now, the special interest of radium is in the intensity of its rays which is several million times greater than the uranium rays. And the effects of the rays make the radium so important.

Du point de vue pratique, la propriété la plus importante des rayons est la production d'effets physiologiques sur les cellules de l'organisme humain. Nous pouvons utiliser ces effets pour guérir plusieurs maladies. Dans de nombreux cas, des résultats méritoires ont été obtenus, le plus notable étant le traitement du cancer.

If we take a practical point of view, then the most important property of the rays is the production of physiological effects on the cells of the human organism. These effects may be used for the cure of several diseases. Good results have been obtained in many cases. What is considered particularly important is the treatment of cancer.

L'utilisation médicale du radium nous oblige à nous procurer suffisamment de cet élément. C'est ainsi qu'a commencé une usine de radium en France, et plus tard en Amérique, où une énorme quantité de minerai appelée carnotite est disponible.

The medical utilization of radium makes it necessary to get that element in sufficient quantities. And so a factory of radium was started to begin with in France, and later in America where a big quantity of ore named carnotite is available.

L'Amérique produit de nombreux grammes de radium chaque année, mais le prix reste très élevé, car la quantité de radium contenue dans le minerai est minime. C'est pourquoi le coût du radium est cent mille fois plus élevé que l'or.

America does produce many grams of radium every year but the price is still very high because the quantity of radium contained in the ore is so small. The radium is more than a hundred thousand times dearer than gold.

Mais n'oublions pas que lorsque nous avons détecté le radium, personne n'aurait pu croire qu'il profiterait aux hôpitaux. C'était un travail de science pure. Ceci est une preuve que nous devons apprécier la recherche scientifique du point de vue de son utilité directe, et ce, tant pour elle-même que pour la beauté de la science. Et qui sait, dans le futur, une découverte scientifique pourrait devenir un bénéfice pour l'humanité, tout comme le radium.

But we must not forget that when radium was discovered no one knew that it would prove useful in hospitals. The work was one of pure science.

And this is a proof that scientific work must not be considered from the point of view of the direct usefulness of it. It must be done for itself, for the beauty of science, and then there is always the chance that a scientific discovery may become like the radium a benefit for humanity.

Mais la science est pauvre, elle ne dispose pas de moyens importants et elle n'est généralement pas considérée avant d'avoir prouvé son utilité matérielle.

But science is not rich, it does not dispose of important means, it does not generally meet recognition before the material usefulness of it has been proved.

Les usines produisent chaque année plusieurs grammes de radium, mais les laboratoires en obtiennent de très petites quantités. C'est la même chose pour le mien et je suis très reconnaissante aux Américaines qui me souhaitent plus de radium et me donnent l'occasion de travailler davantage avec ce dernier.

The factories produce many grams of radium every year, but the laboratories have very small quantities. It is the same for my laboratory and I am very grateful to the American women who wish me to have more of radium and give me the opportunity of doing more work with it.

Quelle merveilleuse histoire que celle du radium. Nous avons étudié de très près les propriétés des rayons. Nous savons que les particules sont expulsées du radium à une très grande vitesse proche de celle de la lumière. Nous avons découvert que l'élimination de ces particules détruit les atomes de radium, dont certaines sont des atomes d'hélium. Et de cette manière, nous avons pu prouver que les substances radioactives se désintégraient constamment et produisaient, à la fin, des éléments ordinaires, tels que l'hélium et le plomb. Comme vous pouvez le constater, nous faisons face à une théorie de la transformation d'atomes instables, comme on le croyait auparavant, mais pouvant subir des modifications spontanées.

The scientific history of radium is beautiful. The properties of the rays have been studied very closely. We know that particles are expelled from radium with a very great velocity near to that of the light. We know that the atoms of radium are destroyed by expulsion of these particles, some of which are atoms of helium. And in that way, it has been proved that the radioactive elements are constantly disintegrating and that they produce at the end ordinary elements, principally helium and lead. That is, as you see, a theory of transformation of atoms which are not stable, as was believed before, but may undergo spontaneous changes.

Le radium n'est pas le seul à avoir ces propriétés. Beaucoup ayant d'autres radioéléments sont déjà connus :
- le polonium
- le mésothorium

- le radiothorium
- l'actinium

Radium is not alone in having these properties. Many having other radioelements are known already,
- *the polonium*
- *the mesothorium*
- *the radiothorium*
- *the actinium*

Nous connaissons également les gaz radioactifs, appelés émanations. Il existe une grande variété de substances et d'effets dans la radioactivité.

We know also radioactive gases, named emanations. There is a great variety of substances and effects in radioactivity.

Il reste toujours un vaste champ à expérimenter et j'espère que les progrès seront remarquables dans les années à venir.

There is always a vast field left to experimentation and I hope that we may have some beautiful progress in the following years.

Je souhaite ardemment que certains d'entre vous poursuivent ce travail scientifique et conservent, pour votre ambition, la détermination de contribuer de manière permanente à la science.

It is my earnest desire that some of you should carry on this scientific work and keep for your ambition the determination to make a permanent contribution to science.

M. Curie

Avec mon amitié pour les étudiants du collège Vassar.

With my friendship for the students of Vassar College.

Biographie / *Biography*

Malgré sa naturalisation française liée à son mariage, Marie Skłodowska-Curie (elle utilisait les deux noms) n'a jamais perdu le sentiment de son identité polonaise. Elle a ainsi appris à ses filles la langue polonaise et les a emmenées en Pologne plusieurs fois ; le nom de l'élément chimique polonium a aussi été choisi par Marie Skłodowska-Curie en hommage à la Pologne.

Despite her French naturalization related to her marriage, Marie Skłodowska-Curie (she used both names) never lost the feeling of her Polish identity. She taught her daughters the Polish language and took them to Poland several times; the name of the polonium chemical element was also chosen by Marie Skłodowska-Curie as a tribute to Poland.

Enfance / *Chilhood*

Maison natale à Varsovie
Birthplace in Warsaw

Maria Salomea Skłodowska naît à Varsovie, alors dans l'empire russe, d'un père d'origine noble (Herb Dołęga), professeur de mathématiques et de physique, et d'une mère institutrice. Elle est la benjamine d'une famille de trois sœurs, Zofia (1863-1876), Bronisława (Bronia) Dłuska (1865-1939) et Helena Szalay (1866-1961), et un frère, Józef Skłodowski (1863-1937).

Maria Salomea Skłodowska was born in Warsaw, then in the Russian Empire, of a father of noble origin (Herb Dołęga), professor of mathematics and physics, and a mother teacher. She is the youngest child of a family of three sisters, Zofia (1863-1876), Bronisława (Bronia) Dłuska (1865-1939) and Helena Szalay (1866-1961), and a brother, Józef Skłodowski (1863-1937).

En l'espace de deux ans, elle perd sa sœur Zofia, morte du typhus en janvier 1876, et sa mère, qui succombe à la tuberculose le 9 mai 1878. Elle se réfugie alors dans les études où elle excelle dans toutes les matières, et où la note maximale lui est accordée. Elle obtient ainsi son diplôme de fin d'études secondaires avec la médaille d'or en 1883. Elle adhère à la doctrine positiviste d'Auguste Comte et rejoint l'Université volante, illégale, qui participe en Pologne à l'éducation clandestine des masses en réaction à la russification de la société par l'empire russe.

In the space of two years, she lost her sister Zofia, who died of typhus in January 1876, and her mother, who succumbed to tuberculosis on May 9, 1878. She then took refuge in studies where she excelled in all subjects, and where the maximum score is given. She obtained her high school diploma with the gold medal in 1883. She adhered to the positivist doctrine of Auguste Comte and joined the illegal flying University, which participates in Poland in the underground education of the masses in reaction to the Russification of society by the Russian Empire.

Elle souhaite poursuivre des études supérieures et enseigner à l'instar de l'Université volante, mais ces études sont interdites aux femmes dans son pays natal. Lorsque sa sœur aînée, Bronia, part faire des études de médecine à Paris, Maria s'engage comme gouvernante en province en espérant économiser pour la rejoindre, tout en ayant initialement pour objectif de revenir en Pologne pour enseigner. Au bout de trois ans, elle regagne Varsovie, où un cousin lui permet d'entrer dans un laboratoire.

She wants to pursue higher education and teach like the manner of the flying University, but these studies are forbidden to women in her native country. When her older sister, Bronia, went to Paris to study medicine, Maria became a governess in the provinces hoping to save money to join her, while initially aiming to return to Poland to teach. After three years, she returns to Warsaw, where a cousin allows her to enter a laboratory.

Études supérieures / *Graduate studies*

En 1891, elle part pour Paris, où elle est hébergée par sa sœur et son beau-frère, rue d'Allemagne, non loin de la gare du Nord. Le 3 novembre 1891, elle s'inscrit pour des études de physique à la faculté des sciences de Paris. Parmi les 776 étudiants de la faculté des sciences en janvier 1895, il y a 27 femmes. Si la plupart des étudiantes en faculté de médecine sont des étrangères, elles ne sont que 7 étrangères sur les 27 étudiantes en sciences.

In 1891, she left for Paris, where she is hosted by her sister and her brother-in-law, Rue d'Allemagne, not far from the Gare du Nord. On November 3, 1891, she enrolled for physics studies at the Faculty of Sciences of Paris. Of the 776 students in the Faculty of Science in January 1895, there are 27 women. Most of the medical school students are foreigners, but only 7 are foreign students out of the 27 female science students.

En mars 1892, elle déménage dans une chambre meublée de la rue Flatters dans le Quartier latin, plus calme et plus proche des installations de la faculté. Elle suit les cours des physiciens Edmond Bouty et Gabriel Lippmann et des mathématiciens Paul Painlevé et Paul Appell.

In March 1892 she moved to a furnished flat on Flatters Street in the Latin Quarter, quieter and closer to the faculty's facilities. She follows the courses of physicists Edmond Bouty and Gabriel Lippmann and mathematicians Paul Painlevé and Paul Appell.

Un an plus tard, en juillet 1893, elle obtient sa licence en sciences physiques, en étant première de sa promotion. Pendant l'été, une bourse d'études de 600 roubles lui est accordée, qui lui permet de poursuivre ses études à Paris. Une autre année plus tard, juillet 1894, elle obtient sa licence en sciences mathématiques, en étant seconde. Elle hésite alors à retourner en Pologne.

A year later, in July 1893, she obtained her bachelor's degree in physical sciences, being first of her class. During the summer, a scholarship of 600 rubles is granted, which allows her to continue his studies in Paris. A year later, in July 1894, she obtained her bachelor's degree in mathematical sciences, being second. She then hesitates to return to Poland.

Elle rejoint, début 1894, le laboratoire de recherches physiques de Gabriel Lippmann, au sein duquel la Société d'encouragement pour l'industrie nationale lui a confié des travaux de recherche sur les propriétés magnétiques de différents aciers. Elle y travaillait dans de strictes conditions et recherche donc une façon de mener à bien ses propres travaux. Le professeur Józef Kowalski, de l'Université de Fribourg, lui fait alors rencontrer, lors d'une soirée, Pierre Curie, qui est chef des travaux de physique à l'École municipale de physique et de chimie industrielles et étudie également le magnétisme, avec lequel elle va travailler.

In early 1894 she joined Gabriel Lippmann's laboratory of physical research, in which the National Industry Incentive Company entrusted her with research work on the magnetic properties of various steels. She was working under tight conditions and is looking for a way to carry out her own work. Professor Józef Kowalski from the University of Friborg then make her meet Pierre Curie, who is head of physics at the Municipal School of Physics and Industrial Chemistry, and also studied magnetism, with which she is going to study. to work.

Lors de cette collaboration se développe une inclination mutuelle entre les deux scientifiques. Marie Curie rentre à Varsovie, pour se rapprocher des siens, et dans le but d'enseigner et de participer à l'émancipation de la Pologne, mais Pierre Curie lui demande de rentrer à Paris pour vivre avec lui. Le couple se marie à Sceaux, le 26 juillet 1895.

During this collaboration a mutual inclination develops between the two scientists. Marie Curie returns to Warsaw, to get closer to his family, and to teach and participate in the emancipation of Poland, but Pierre Curie asks her to return to Paris to live with him. The couple marries in Sceaux, July 26, 1895.

Durant l'année 1895-1896, elle prépare, à la faculté, le concours d'agrégation pour l'enseignement des jeunes filles, section mathématiques, auquel elle est reçue première. Elle ne prend cependant pas de poste d'enseignante, souhaitant préparer une thèse de doctorat. En parallèle, Marie Curie suit également les cours de Marcel Brillouin et documente ses premiers travaux de recherche sur les aciers. Le 12 septembre 1897, elle donne naissance à sa première fille, Irène.

During the year 1895-1896, she prepared for the faculty the competition of aggregation for the teaching of the girls mathematics section, which she received first. She does not, however, take a teaching position, wishing to prepare a doctoral thesis. In parallel, Marie Curie also follows the courses of Marcel Brillouin and documents his first research on steel. On September 12, 1897, she gives birth to her first daughter, Irene.

Pour en connaître plus / *To know more:*

https://fr.wikipedia.org/wiki/Marie_Curie

DIVERS
VARIOUS

Spécimens de signature
Signature specimens

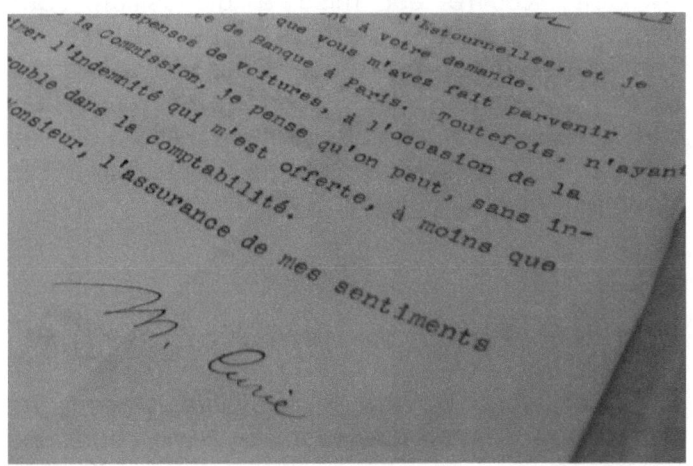

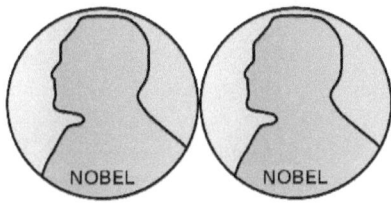

Distinctions
Distinctions

Prix Nobel de physique et de chimie
Nobel Prize in Physics and Chemistry

Source

Ce livre est extrait de la bibliothèque numérique Wikisource.

Cette œuvre est mise à disposition sous licence Attribution - Partage dans les Mêmes Conditions 3.0 non transposé. Pour voir une copie de cette licence, visitez http://creativecommons.org/licenses/by-sa/3.0/ ou écrivez à Creative Commons, PO Box 1866, Mountain View, CA 94042, É.-U.

Source

This book is from the Wikisource digital library.

This work is made available under the Attribution - Sharing license in the same conditions 3.0 not transposed. To view a copy of this license, visit: http://creativecommons.org/licenses/by-sa/3.0/ or write to Creative Commons, PO Box 1866, Mountain View, CA 94042, USA

Contact avec l'éditrice

Amis lecteurs et lectrices,

Vous pouvez me laisser un commentaire dans ma boîte de courriel :

emmagarvine@gmail.com

Merci de prendre un peu de votre précieux temps pour commenter le livre sur votre plateforme d'achat, ce sera très apprécié et je vous remercie par avance.

Contact with the publisher

Friend readers,

You can leave me a comment in my mailbox: emmagarvine@gmail.com

Thank you for taking some of your precious time to comment on the book on your purchase platform, it will be appreciated and thank you in advance.

De la même éditrice chez Amazon

Histoire de voyage – Tomes :
1. Visite à la prison pénitentiaire de Genève, par René de Bouille, avec biographie
2. Tableau de l'Égypte, de la Nubie et des lieux circonvoisins, par Jean-Jacques Rifaud
3. Souvenirs du Brésil – L'empereur Don Pedro

Religions, théologie – Tome :
1. Les 95 thèses, Martin Luther, traduit par Charles Read, amélioré, avec biographie

Politique – Tome :
1. Jackson, portrait et notice biographique

Dessins, arts – Tome :
1. Traité élémentaire de la peinture, par Léonard de Vinci

Roman – Tome :
1. La femme en blanc, par Wilkie Collins

Découverte scientifique – Tome :
1. Marie Curie – La découverte du radium

From the same editor at Amazon

Travel History - Tomes:
1. Visit to the Geneva Prison, by René de Bouille, with biography
2. Painting of Egypt, Nubia and surrounding places, by Jean-Jacques Rifaud
3. Souvenirs of Brazil - Emperor Don Pedro

Religions, theology - Tome:
1. The 95 theses, Martin Luther, translated by Charles Read, improved, with biography

Politics - Tome:
1. Jackson, portrait and biography

Drawings, arts - Tome:
1. Elementary treatise on painting, by Leonardo da Vinci

Roman - Tome:
1. The woman in white, by Wilkie Collins

Scientific discovery - Tome:
1. Marie Curie - The discovery of radium

www.ingramcontent.com/pod-product-compliance
Lightning Source LLC
Chambersburg PA
CBHW021858170526
45157CB00006B/2508